UN ORGANISME VIVANT APPELÉ TERRE

La géophysique de la planète

JOSÉ RUIZ WATZECK

Copyright © 2023 JOSÉ RUIZ WATZECK

All rights reserved

The characters and events portrayed in this book are fictitious. Any similarity to real persons, living or dead, is coincidental and not intended by the author.

No part of this book may be reproduced, or stored in a retrieval system, or transmitted in any form or by any means, electronic, mechanical, photocopying, recording, or otherwise, without express written permission of the publisher.

Cover design by: WATZECK HOME STUDIUS DIGITAL

Printed in the United States of America

UN ORGANISME VIVANT APPELÉ TERRE

La géophysique de la planète

Copyright © 2023 JOSÉ RUIZ WATZECK

Version française

W353o Watzeck, José Ruiz, 1977

Un organisme vivant appelé Terre - La géophysique de la planète - José Ruiz Watzeck

1ère édition - São Paulo, Brésil 2020.
Livre électronique 2,29Mb
Version française

1ère Géopolitique. 2e La valeur stratégique de l'ionosphère.

  IA Organisme Vivant Appelé Terre - La Géophysique de la Planète

            DC : 550

RÉSUMÉ

Chapitre 1 - Les tempêtes

Chapitre 2 - Antarctique

Chapitre 3 - Planctons et Phytoplanctons

Chapitre 4 - La forêt amazonienne

Chapitre 5 - Le feu

Chapitre 6 - Le Soleil

Chapitre 7 - L'atmosphère terrestre

Chapitre 8 - Les êtres humains

Références bibliographiques

JOSÉ RUIZ WATZECK

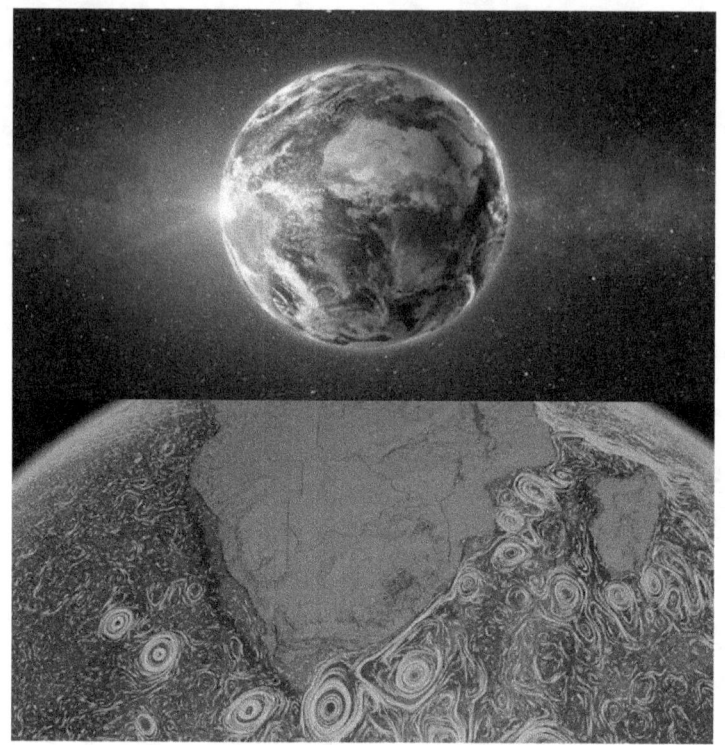

AVANT-PROPOS

Les phénomènes naturels et cachés qui dévastent notre planète, maintenant, grâce aux technologies les plus sophistiquées, nous permettent de les étudier d'une manière sans précédent, les satellites scannent la planète entière et révèlent une énorme richesse de détails. Jamais dans l'histoire de l'humanité n'avons-nous eu un récit de cette planète, un organisme vivant et dynamique aux propriétés très pertinentes. Dans cet ouvrage, nous saurons comment toute la planète est interconnectée, comment tout est intimement lié, d'un point à un autre du globe, grâce à la technologie, nous ferons une plongée dans les océans et ensemble, nous comprendrons ce qu'est le désert saharien interfère avec l'Amazonie, ce que les énormes plates-formes de glace en Antarctique contribuent à maintenir un climat harmonieux de températures océaniques, parce que le feu produit naturellement aide au renouvellement des types de vie les plus différents sur Terre, comment et pourquoi ils se produisent à l'aube, comment fonctionne réellement le cline global, dans lequel, les courants maritimes interfèrent dans la distribution de la chaleur aux hémisphères. Comprenons pourquoi l'une des couches de la Terre connue sous le nom d'Ionosphère, formée d'Hydrogène et d'Hélium agit comme un conducteur électrique, distribuant toute la charge de foudre dans l'atmosphère de la planète entière. Les réactions chimiques des nuages et ce que les décharges électriques ont à voir avec la formation de nitrate. Comme ces satellites nous montrent l'énergie émise par notre étoile, le rayonnement ultraviolet, les fractions de protons, d'électrons et de neutrons rejetés par l'espace, les impulsions électromagnétiques et l'éjection de masse coronale.

Désormais, nous compterons sur l'aide d'un ensemble de satellites, pour que nous puissions de manière scientifique, comprendre comment fonctionne notre planète. Chaque seconde, ces équipements enregistrent, mesurent et transmettent des milliers de téraoctets de données, et seulement avec ces données, nous pouvons, pour la première fois, faire une analyse numérique de la planète Terre.

Pour que nous puissions séquencer cette étude, nous avons besoin de savoir quels sont ces outils qui orbitent autour de la Terre, qui s'ils n'existaient pas, cette étude ne serait jamais possible.

Le premier satellite qui nous aide à comprendre le climat est la Terre (EOS SER-2), un projet de recherche multinational de la NASA qui se concentre principalement sur le système d'observation de la Terre (EOS). Le satellite a été lancé à la base aérienne de Vandenberg le 18 décembre 1999, à bord de l'Atlas

II, et a commencé à collecter des données le 24 février 2000 (EOS). La Terre transporte une charge de cinq capteurs à distance, conçus pour moniteurL'environnement de la Terre et le changement climatique. Ce satellite a donné lieu à plus de 15 années d'analyse et de collecte de données.

Les autres satellites sont Aqua (EOS PM-1), une étude multinationale de satellites en orbite autour de la Terre, conçue par la NASA, dans le but d'analyser les précipitations, l'évaporation et le cycle de l'eau. C'est le deuxième composant principal du système d'observation de la Terre (EOS) juste après la Terre (lancé en 1999). Aqua a été lancé le 4 mai 2002, de Vandenberg Air, à bord d'un Boeing couplé à un Delta II. Le satellite en orbite synchrone à l'hélium. Il orbite à une altitude de 705 km entraînant une formation appelée "train" avec plusieurs autres satellites Aura, CALIPSO, CloudSat et le français PARASOL). Il dispose de six instruments pour l'étude de l'eau à la surface et de l'atmosphère terrestre.

Aura(EOS CH-1) est un projet de recherche multinational de la NASA. Le satellite est en orbite autour de la planète Terre, analysant la couche d'ozone, la qualité de l'air et le climat. C'est le troisième composant principal du système d'observation de la Terre (EOS), être premièredeux:

TERRE (publié dans1999) et Aqua (lancé en 2002), respectivement. Le nom "Aura" vient du mot latin pour "air". Le satellite a été lancé un t Vandenberg Air le 15 juillet 2004 à borduhe fusée Boeing Delta II 7920-10L. L'Aura orbite avec le soi-disant "A-Train", un ensemble de plusieurs autres satellites transportant quatre instruments pour l'étude de la chimie atmosphérique.

Nous avons également le SDO (Solar Dynamics Observatory), une sonde sans pilote de la NASA, qui étudie les processus du Soleil qui affectent directement la vie sur Terre, et dont le lancement a eu lieu à Cap Canaveral le 11 février 2010. Contenant quatre télescopes intégrés dans sa structure , deux panneaux solaires et deux antennes longue portée. Parmi ses principaux instruments figurent l'Extreme Ultraviolet Variability Experiment, qui mesurera l'irradiation ultraviolette de l'étoile en haute définition, l'Heliosismatic and Magnetic Imager, qui étudiera la variation et les caractéristiques de l'intérieur solaire, et les composantes de l'activité magnétique sur son surface. De plus, il porte le révolutionnaire Atmospheric Imaging Assembly, capable de transmettre des images de l'ensemble du disque solaire, en bandes d'ultraviolet et d'infrarouge, jamais atteintes auparavant par leurs prédécesseurs.

CHAPITRE 1 - LES TEMPÊTES

En août 2005, à environ 400 kilomètres au large de la côte nord-ouest de l'Afrique, dans un archipel volcanique, se trouve l'île du Cap-Vert, la période la plus chaude de l'année, dans une période de 72 heures, des tempêtes agitent les eaux océaniques locales. Un amas de nuages énormes commence à se former, un vaste événement qui affectera le monde entier, ce n'est qu'avec le dernier mot de la technologie spatiale qu'il a été possible de comprendre de tels phénomènes. À environ 700 kilomètres de haut, le satellite Aqua enregistre une élévation de la température de l'eau, avec un système de balayage infrarouge, souligne que l'océan a atteint la température critique de 26 ° C, avec de grandes zones plus chauffées, commence à s'évaporer très rapidement, cette vapeur absorbe le la chaleur de l'océan se transférant immédiatement dans l'air. Avec une grande capacité, l'eau commence à transporter de l'énergie, qui déchaînera une destruction totale ailleurs sur le globe. La spécificité de ce satellite (Aqua) à suivre la vapeur d'eau ne nous montre qu'une petite échelle spécifique d'une interaction entre l'océan, l'air et le soleil, sans qu'aucun être humain ne puisse voir à l'œil nu. Environ 200 tonnes d'eau sont évaporées par heure. Un processus qui consomme de l'énergie par rapport à une modeste centrale nucléaire, à 1000 mètres d'altitude, cette vapeur se condense en formes de nuages, dégageant de la chaleur et intensifiant la température de l'air de plusieurs degrés. Au fur et à mesure que l'air se réchauffe, de puissants vents verticaux commencent à se produire, élevant ces nuages à environ 15 kilomètres de hauteur, alors que la cellule orageuse augmente l'effet de la rotation de la Terre sur la force de rotation. Ces nuages gigantesques, fusionnant en forme circulaire, nous assistons en ce moment à la naissance d'un La spécificité de ce satellite (Aqua) à suivre la vapeur d'eau ne nous montre qu'une petite échelle spécifique d'une interaction entre l'océan, l'air et le soleil, sans qu'aucun être humain ne puisse voir à l'œil nu. Environ 200 tonnes d'eau sont évaporées par heure. Un processus qui consomme de l'énergie par rapport à une modeste centrale nucléaire, à 1000 mètres d'altitude, cette vapeur se condense en formes de nuages, dégageant de la chaleur et intensifiant la température de l'air de plusieurs degrés. Au fur et à mesure que l'air se réchauffe, de puissants vents verticaux commencent à se produire, élevant ces nuages à environ 15 kilomètres de hauteur, alors que la cellule orageuse augmente l'effet de la rotation de la Terre sur la force de rotation. Ces nuages gigantesques, fusionnant en forme circulaire, nous assistons en ce moment à la naissance d'un La spécificité de ce satellite (Aqua) à suivre la vapeur d'eau ne nous montre qu'une petite échelle spécifique d'une interaction entre l'océan, l'air et le soleil, sans qu'aucun être humain ne puisse voir à l'œil nu. Environ 200 tonnes d'eau sont évaporées par heure. Un processus qui consomme de l'énergie par rapport à une modeste centrale nucléaire, à 1000 mètres d'altitude, cette vapeur se condense en formes de nuages, dégageant de la chaleur et intensifiant la température de l'air de plusieurs degrés. Au fur et à mesure que l'air se réchauffe, de puissants vents verticaux commencent à se produire, élevant ces nuages à environ 15 kilomètres de hauteur, alors que la cellule orageuse augmente l'effet de la rotation de la Terre sur la force de rotation. Ces nuages gigantesques, fusionnant en forme circulaire, nous assistons en ce moment à la naissance d'un sans qu'aucun être humain puisse voir à l'œil nu. Environ 200 tonnes d'eau sont évaporées par heure. Un processus qui consomme de l'énergie par rapport à une modeste centrale nucléaire, à 1000 mètres d'altitude, cette vapeur se condense en formes de nuages, dégageant de la chaleur et intensifiant la température de l'air de plusieurs degrés. Au fur et à mesure que l'air se réchauffe, de puissants vents verticaux commencent à se produire, élevant ces nuages à environ 15 kilomètres de hauteur, alors que la cellule orageuse augmente l'effet de la rotation de la Terre sur la force de rotation. Ces nuages gigantesques, fusionnant en forme circulaire, nous assistons en ce moment à la naissance d'un sans qu'aucun être humain puisse voir à l'œil nu. Environ 200 tonnes d'eau sont évaporées par heure. Un processus qui consomme de l'énergie par rapport à une modeste centrale nucléaire, à 1000 mètres d'altitude, cette vapeur se condense en formes de nuages, dégageant de la chaleur et intensifiant la température de l'air de plusieurs degrés. Au fur et à mesure que l'air se réchauffe, de puissants vents verticaux commencent à se produire, élevant ces nuages à environ 15 kilomètres de hauteur, alors que la cellule orageuse augmente l'effet de la rotation de la Terre sur la force de rotation. Ces nuages gigantesques, fusionnant en forme circulaire, nous assistons en ce moment à la naissance d'un libérant de la chaleur et intensifiant la température de l'air de plusieurs degrés. Au fur et à mesure que l'air se réchauffe, de puissants vents verticaux commencent à se produire, élevant ces nuages à environ 15 kilomètres de hauteur, alors que la cellule orageuse augmente l'effet de la rotation de la Terre sur la force de rotation. Ces nuages gigantesques, fusionnant en forme circulaire, nous assistons en ce moment à la naissance d'un libérant de la chaleur et intensifiant la température de l'air de plusieurs degrés. Au fur et à mesure que l'air se réchauffe, de puissants vents verticaux commencent à se produire, élevant ces nuages à environ 15 kilomètres de hauteur, alors que la cellule orageuse augmente l'effet de la rotation de la Terre sur la force de rotation. Ces nuages gigantesques, fusionnant en forme circulaire, nous assistons en ce moment à la naissance d'un

ouragan. Avec les données envoyées par les satellites, on peut conclure qu'un ouragan est une immense centrale électrique produite par la nature. Suivi et accompagné par l'ISS (Station spatiale internationale) et traduit en portugais (Station spatiale internationale), l'ouragan se déplace rapidement à travers l'Atlantique vers le sud-est de l'Amérique du Nord, en quelques heures il pénètre dans le golfe du Mexique, où des eaux plus chaudes améliorent la tempête. En ce moment, nous pouvons dire que les habitants de cet endroit sont sur le point d'assister à la puissance du soleil dans l'océan.

En ce moment, l'un des ouragans les plus dévastateurs de la région, l'ouragan Katrina, une tempête tropicale qui a atteint la catégorie trois sur l'échelle terrestre de Saffir-Simpson et la catégorie cinq dans l'océan Atlantique, avec des rafales dépassant 280 kilomètres par heure, avec une pression inférieure de 902 mbar1, a fait 1 883 morts et atteint les zones deBahamas, Floride du Sud, Nouvelle-Orléans, Alabama, Mississippi, Louisiane. C'est la capacité physique de l'eau à retenir et à restituer de l'énergie. Cependant, si ce phénomène a été dévastateur pour les populations locales, le monde doit sa vie au processus qui a produit la tempête, pour la simple raison que lorsque l'océan atteint une température trop élevée, ces tempêtes sont sa soupape d'échappement, redistribuant la chaleur autour de la planète. et équilibrer le climat mondial. Cet ouragan spécifique a contribué à refroidir de vastes pans de l'Atlantique à plus de 4 ° C, rééquilibrant l'océan. Et ce phénomène n'est qu'un petit détail d'une extrême complexité et à travers les satellites nous pouvons affirmer que tout est interconnecté de manière planétaire, littéralement, ce sont ces connexions cachées qui nous maintiennent en vie.

Alors que la Terre tourne autour de son axe, plusieurs satellites enregistrent et analysent de nombreuses données telles que la température, les charges électriques, les pressions ou encore le lent processus de dérive des continents. Grâce à la technologie, nous pouvons comprendre pourquoi des parties de la plante sont fertiles et d'autres complètement mortes.
São Paulo, mois de juin, 22º C, les citoyens commencent une autre journée de travail, avec des vents inférieurs à 12 km, à un peu plus de 14.000 km de ce point, dans la ville de Delhi en Inde, les habitants souffrent de pluies torrentielles, en En quelques minutes, les rues deviennent inondées et impraticables, à ce même instant, un feu de forêt ravage le nord de l'Australie et sur la côte de la Chine plus précisément dans la ville de Shanghai, des orages de grêle punissent la région.

Avant la technologie, de tels événements semblaient n'avoir aucun lien entre eux, alors qu'en fait, ils sont tous interconnectés. Avec le croisement des données de cinq satellites différents, il révèle une couche du système, l'atmosphère dynamique qui encapsule le monde entier. Avec toutes ces données, nous pouvons observer comment l'atmosphère transporte l'humidité le long de la planète, comment la vapeur est invisible, seules avec des images satellites nous pouvons suivre ce phénomène. Lorsque nous appliquons ces données à un modèle avec la forme de la Terre, de nouvelles perspectives sont obtenues, chaque climat global est conduit par un processus unique, la région autour de l'équateur reçoit la plus forte incidence d'énergie solaire, produisant environ 65% de toute la vapeur , qui voyage toujours de la même manière vers les pôles, conduit par les vents dominants et la rotation planétaire. Dans l'hémisphère nord tournant dans le sens des aiguilles d'une montre, de grandes spirales de vapeur s'étendent sur plus de 3 000 km, déjà dans l'hémisphère sud tournant dans le sens antihoraire, la Terre est à la recherche d'un équilibre qu'elle n'atteindra jamais. Lorsque ces vents chargés de vapeur atteignent les masses continentales de la planète, des conditions climatiques spécifiques se produisent à chaque endroit. On peut citer comme exemple fin juillet dans l'ouest de l'Inde, l'air chaud et humide poussé vers le haut par une couche de montagnes appelée Catis, de gigantesques nuages s'élèvent, le résultat de ce phénomène sont les pluies de mousson, des trillions de tonnes d'eau tombent de le ciel, transformant la région sèche en plaines fertiles, en Chine, grâce à ces pluies, des milliers de rizières en bénéficient, apportant de la nourriture à plus de 3,6 milliards de personnes, soit près de la moitié de la population mondiale. D'autre part. de grandes spirales de vapeur s'étendent sur plus de 3 000 km, déjà dans l'hémisphère sud tournant dans le sens inverse des aiguilles d'une montre, la Terre est à la recherche d'un équilibre qu'elle n'atteindra jamais. Lorsque ces vents chargés de vapeur atteignent les masses continentales de la planète, des conditions climatiques spécifiques se produisent à chaque endroit. On peut citer comme exemple fin juillet dans l'ouest de l'Inde, l'air chaud et humide poussé vers le haut par une couche de montagnes appelée Catis, de gigantesques nuages s'élèvent, le résultat de ce phénomène sont les pluies de mousson, des trillions de tonnes d'eau tombent de le ciel, transformant la région sèche en plaines fertiles, en Chine, grâce à ces pluies, des milliers de rizières en bénéficient, apportant de la nourriture à plus de 3,6 milliards de personnes, soit près de la moitié de la population mondiale. D'autre part. de grandes spirales de vapeur s'étendent sur plus de 3 000 km, déjà dans l'hémisphère sud tournant dans le sens inverse des aiguilles d'une montre, la Terre est à la recherche d'un équilibre qu'elle n'atteindra jamais. Lorsque ces vents chargés de vapeur atteignent les masses continentales de la planète, des conditions climatiques spécifiques se produisent à chaque endroit. On peut citer comme exemple fin juillet dans l'ouest de l'Inde, l'air chaud et humide poussé vers le haut par une couche de montagnes appelée Catis, de gigantesques nuages s'élèvent, le résultat de ce phénomène sont les pluies de mousson, des trillions de tonnes d'eau tombent de le ciel, transformant la région sèche en plaines fertiles, en Chine, grâce à ces pluies, des milliers de rizières en bénéficient, apportant de la nourriture à plus de 3,6 milliards de personnes, soit près de la moitié de la population mondiale. D'autre part. déjà dans l'hémisphère sud tournant dans le sens inverse des aiguilles d'une montre, la Terre est à la recherche d'un équilibre qu'elle n'atteindra jamais. Lorsque ces vents chargés de vapeur atteignent les masses continentales de la planète, des conditions climatiques spécifiques se produisent à chaque endroit. On peut citer comme exemple fin juillet dans l'ouest de l'Inde, l'air chaud et humide poussé vers le haut par une couche de montagnes appelée Catis, de gigantesques nuages s'élèvent, le résultat de ce phénomène sont les pluies de mousson, des trillions de tonnes d'eau tombent de le ciel, transformant la région sèche en plaines fertiles, en Chine, grâce à ces pluies, des milliers de rizières en bénéficient, apportant de la nourriture à plus de 3,6 milliards de personnes, soit près de la moitié de la population mondiale. D'autre part. déjà dans l'hémisphère sud tournant dans le sens inverse des aiguilles d'une montre, la Terre est à la recherche d'un équilibre qu'elle n'atteindra jamais. Lorsque ces vents chargés de vapeur atteignent les masses continentales de la planète, des conditions climatiques spécifiques se produisent à chaque endroit. On peut citer comme exemple fin juillet dans l'ouest de l'Inde, l'air chaud et humide poussé vers le haut par une couche de montagnes appelée Catis, de gigantesques nuages s'élèvent, le résultat de ce phénomène sont les pluies de mousson, des trillions de tonnes d'eau tombent de le ciel, transformant la région sèche en plaines fertiles, en Chine, grâce à ces pluies, des milliers de rizières en bénéficient, apportant de la nourriture à plus de 3,6 milliards de personnes, soit près de la moitié de la population mondiale. D'autre part. Lorsque ces vents chargés de vapeur atteignent les masses continentales de la planète, des conditions climatiques spécifiques se produisent à chaque endroit. On peut citer comme exemple fin juillet dans l'ouest de l'Inde, l'air chaud et humide poussé vers le haut par une couche de montagnes appelée Catis, de gigantesques nuages s'élèvent, le résultat de ce phénomène sont les pluies de mousson, des trillions de tonnes d'eau tombent de le ciel, transformant la région sèche en plaines fertiles, en Chine, grâce à ces pluies, des milliers de rizières en bénéficient, apportant de la nourriture à plus de 3,6 milliards de personnes, soit près de la moitié de la population mondiale. D'autre part. Lorsque ces vents chargés de vapeur atteignent les masses continentales de la planète, des conditions climatiques spécifiques se produisent à chaque endroit. On peut citer comme exemple fin juillet dans l'ouest de l'Inde, l'air chaud et humide poussé vers le haut par une couche de montagnes appelée Catis, de gigantesques nuages s'élèvent, le résultat de ce phénomène sont les pluies de mousson, des trillions de tonnes d'eau tombent de le ciel, transformant la région sèche en plaines fertiles, en Chine, grâce à ces pluies, des milliers de rizières en bénéficient, apportant de la nourriture à plus de 3,6 milliards de personnes, soit près de la moitié de la population mondiale. D'autre part. le résultat de ce phénomène sont les pluies de mousson, des milliards de tonnes d'eau tombent du ciel, transformant la région sèche en plaines fertiles, en Chine, grâce à ces pluies, des milliers de rizières en bénéficient, apportant de la nourriture à plus de 3,6 milliards personnes, près de la moitié de la population mondiale. D'autre part. le résultat de ce phénomène sont les pluies de mousson, des milliards de tonnes d'eau tombent du ciel, transformant la région sèche en plaines fertiles, en Chine, grâce à ces pluies, des milliers de rizières en bénéficient, apportant de la nourriture à plus de 3,6 milliards personnes, près de la moitié de la population mondiale. D'autre part.

Du côté du globe, les vents doivent traverser les immenses Andes pour atteindre la partie centrale du Chili. L'altitude élimine l'humidité de l'air provenant de l'une des régions les plus sèches du monde, le désert d'Atacama, avec un point qui n'a jamais été enregistré l'apparition de pluies. Steam est l'une des principales forces de maintenance au monde, mais ce n'est qu'une partie d'un système beaucoup plus complexe.

Les températures glaciales aux pôles et chaudes à l'équateur ont une variation de plus de 72º C, grâce à ces variations, tout l'air et toute l'eau autour de la planète sont conduits, créant des mécanismes invisibles et inattendus pour le maintien de la vie sur Terre .

Pour comprendre la composante suivante et l'analyser d'un autre point de vue extraordinaire, il faut aller au Sud de la planète.

Près de la région de l'Antarctique, où le plaga subit l'influence d'un immense tourbillon aux proportions continentales, l'un des exemples les plus pertinents se produit dans les eaux à 60º Sud, sont le coup de vent de la latitude 60º, les mers les plus agitées et agressives sur Terre, où des vents et des tempêtes persistants fouettent l'océan Antarctique avec une fureur incessante et agitent plus de 130 millions de tonnes d'eau par seconde, tout ce processus est entraîné par le mouvement de la chaleur qui se déplace de l'équateur vers les pôles.

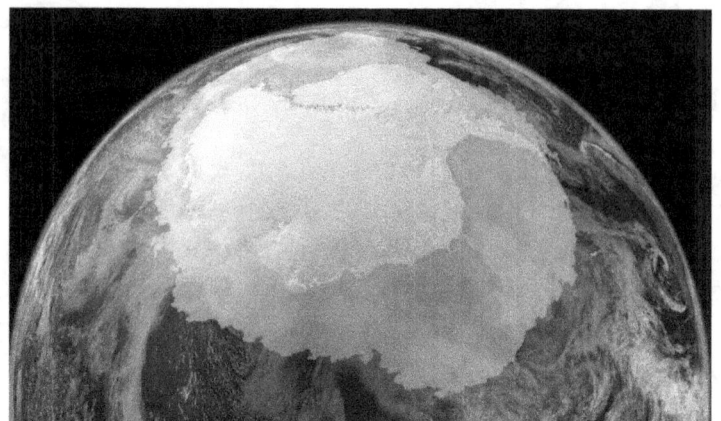
Continent Antarctique (Image NASA, Satellite Aqua)

CHAPITRE 2 - ANTARCTIQUE

Avant de poursuivre notre étude, il est indispensable que nous connaissions les différences entre le continent arctique et le continent antarctique, analysons l'image ci-dessous...

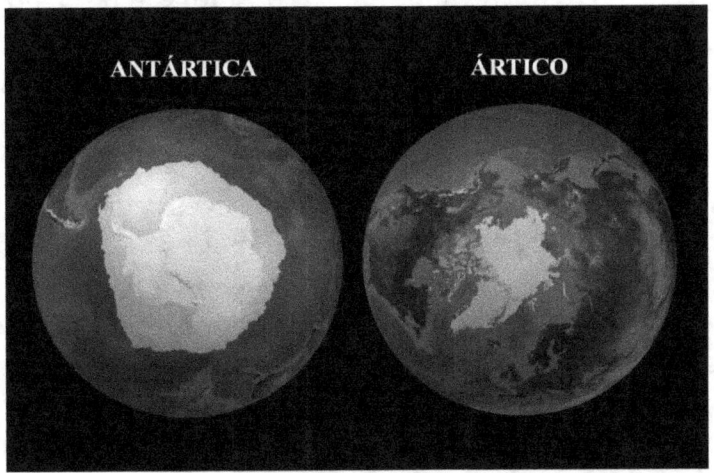

Source:Goddard SpaceFlightCenter de la NASA

Certaines particularités entre les deux continents sont; L'arcticn'a pas de masse terrestre, c'est une masse continentale de glace flottant au-dessus de l'océan, elle est intégrée à huit îles qui l'entourent, elles le sont ;

Groenland, île d'Ellesmere, île de Vitoria, île Bank, île Wrangel, île Sévernaya Zemlyá, terre Francisco José, Spitzberg. Dans cette région, nous pouvons trouver les majestueux icebergs et les célèbres glaciers.La population vivant dans le nord du continent est très variée, formée de personnes installées dans le détroit de Béring et au Groenland. Il y a environ 135 000 personnes vivant dans cette région. La faune la plus caractéristique de l'Arctique sont les ours polaires, qui viennent année après année, réduisant leur contingent en raison des changements climatiques et du manque de nourriture. Le climat de l'Arctique présente de grandes variations tout au long de l'année. Situés à l'extrême nord de la planète et du fait de l'inclinaison de l'axe terrestre, certains points restent plongés dans l'obscurité durant l'hiver. Même en été, la lumière du soleil atteignant la région est faible, de sorte que l'énergie solaire est faible, une grande partie étant réfléchie dans l'espace par la couleur de la glace. Tout au long de l'année, o L'Arctique émet plus de chaleur qu'il n'en reçoit, et la majeure partie de sa chaleur provient des tropiques par la circulation atmosphérique et maritime. La Scandinavie est la région arctique la plus chaude en raison de l'influence du Gulf Stream.

Les hivers sont longs et froids, et les étés sont courts et frais, mais il existe d'importantes différences régionales . L'humidité atmosphérique est généralement faible et précipitationsest rare, certaines régions reçoivent moins de 50 millimètres de pluie par an. En été, la pluie n'a pas tendance à s'évaporer rapidement en raison des basses températures et du sol gelé (pergélisol), empêche son absorption, créant de vastes zones marécageuses. La fonte des neiges hivernales y contribue également et les inondations sont fréquentes dans de grandes proportions. L'accumulation de neige en hiver est très variable et dépend principalement de la géographie, de l'humidité atmosphérique et de l'intensité du vent.

L'Arctique a été touché par le changement climatique, entraînant la rétraction de la calotte gelée au-dessus de l'océan Arctique et la libération de pergélisol fondu. En septembre 2007, ENVISAT, la plus grande fonte de l'océan Arctique, a été enregistrée par le satellite de l'ESA (Agence spatiale européenne). Depuis quelques années, il y a eu une fonte galopante dans la zone arctique, environ la moitié de la calotte glaciaire du Groenland fond en été dans sa couche superficielle, mais en l'an 2012, 97% de la superficie du manteau a montré des degrés de fonte qui ont atteint parties plus hautes et plus froides, un phénomène qui augmente les risques de catastrophe environnementale et augmente la vitesse de déplacement des glaciers vers la mer, ayant comme un conséquence immédiate, Arctique.

Sur le continent antarctique, ses mers agitées recèlent un secret surprenant qui touche le monde entier. Avec une extension de 14.000.000 km², en hiver restant dans une obscurité totale environ six mois par an, ses températures atteignent une moyenne de (-93,2 °C) négative, en été, ses moyennes sont de -10 °C dans la région côtière et en l'intérieur est à -40°C, un endroit totalement hostile, où il est en majorité inhabité et inexploré. De nombreux auteurs classent cet endroit dans la catégorie "désert polaire" en raison de ses très faibles précipitations, des vents de 100 km/h sont fréquents en Antarctique et durent des semaines, avec des records de tempêtes supérieures à 320 km/h. Sa faune se limite aux manchots (Spheniscidae) nom scientifique, sa flore a beaucoup de mal pour le développement des légumes en raison des vents forts, de la faible épaisseur du sol et de l'ensoleillement limité en hiver. Pour cette raison, la variété des espèces en surface est limitée aux plantes "inférieures", comme les mousses et les hépatiques. De plus, il existe une communauté autotrophe, formée de protistes. La flore continentale est constituée de lichens, de bryophytes, d'algues et de champignons. La croissance et la reproduction ont généralement lieu en été. Il existe environ 230 espèces de lichens et environ 54 espèces de bryophytes. Sur le continent, il existe 712 espèces d'algues, dont la plupart forment le phytoplancton. Les diatomées et les algues de Snow, algues microscopiques qui poussent sur la neige et la glace en leur donnant de la couleur, sont abondantes dans les régions côtières pendant l'été.

Actuellement, des scientifiques de plusieurs pays étudient le continent, pour une meilleure compréhension de l'importance mondiale de cette glace locale. Avec ces données collectées et avec l'aide de satellites, ils sont arrivés à la conclusion qu'un certain nombre de particularités font de la région la plus froide de la planète, et avec ces résultats, nous pouvons conclure que ce continent maintient toutes les formes de vie sur Terre, y compris les forêts abondantes qui sont à des milliers de kilomètres. Avec la réunion de fragments de données obtenues par 17 satellites différents, un système climatique puissant a été observé qui entoure tout ce continent. Un énorme tourbillon entraîné par la rotation de la Terre, et à mesure que l'air chaud et humide migre vers le sud de la planète, se potentialise et forme un gigantesque système invisible appelé Polar Jet. Le vent implacable pousse l'eau de mer vers le bas, et l'océan Antarctique passe le seul parallèle au monde qui n'a pas de terre, et par conséquent, un immense courant circulaire tourne sans cesse, c'est le courant océanique le plus fort de la planète, créant le fameux Coup de vent de latitude 60º qui s'intensifie avec la combinaison de la vapeur d'eau, des vents et de la forme de la Terre. Le Polar Jet est si puissant qu'il isole l'Antarctique du reste du monde, empêchant la chaleur et l'humidité d'atteindre son intérieur, donnant naissance à la région la plus sèche et la plus venteuse du globe. Ici, les blizzards ne sont pas causés par les précipitations qui viennent du ciel mais par les vents qui soulèvent la glace du sol, cet air dense et glacial est le résultat des Polar Jets capables de refroidir tout le continent. En hiver, les conditions encore plus sévères, déclencher un processus essentiel à la vie qui se déroule sous la glace. Ce processus, lointain et invisible aux yeux de tout être humain, quelque chose d'extraordinaire se produit, ayant un effet partout dans le monde, chaque hiver en Antarctique, se forment 25 000 tonnes de banquisas atteignant une zone plus grande que l'Australie. Avec les données placées dans un modèle, nous pouvons analyser la perte et le gain de masse continentale sur une période de deux ans, c'est le principal changement saisonnier sur Terre, produisant des effets profonds sur la vie autour de la planète. Tout ce processus se produit grâce aux caractéristiques physiques de l'eau salée. Dans une région éloignée de la côte appelée la mer de Weddell, une série de pollinies se forme, de vastes zones d'eau de mer entourées de glace, avec des vents catabatiques refroidissant l'eau de mer à des températures inférieures à zéro. Lorsque la température dans la couche supérieure de l'océan atteint -1,5 ° C, une frontière dangereuse est une croisade. Maintenant, toute cette commande est assumée par une autre particularité de l'eau salée, à la surface la mer commence à geler, les cristaux de microscopes commencent à croître et à s'entrelacer, à geler totalement, l'eau a besoin de se débarrasser du sel, l'eau qui reste liquide devient plus salé, formant une saumure qui s'écoule à travers les longs tubes créés par la glace nouvellement formée. Cette saumure est plus dense que l'eau salée ordinaire et occupe les espaces les plus profonds de l'océan, cette eau plus dense emporte avec elle l'oxygène présent dans l'air de surface menant aux profondeurs. pour geler totalement, l'eau doit se débarrasser du sel, l'eau qui reste liquide devient plus salée, formant une saumure qui s'écoule à travers les longs tubes créés par la glace nouvellement formée. Cette saumure est plus dense que l'eau salée ordinaire et occupe les espaces les plus profonds de l'océan, cette eau plus dense emporte avec elle l'oxygène présent dans l'air de surface menant aux profondeurs. pour geler totalement, l'eau doit se débarrasser du sel, l'eau qui reste liquide devient plus salée, formant une saumure qui s'écoule à travers les longs tubes créés par la glace nouvellement formée. Cette saumure est plus dense que l'eau salée ordinaire et occupe les espaces les plus profonds de l'océan, cette eau plus dense emporte avec elle l'oxygène présent dans l'air de surface menant aux profondeurs.

La formation de glace devient plus rapide et plus intense et en peu de temps de gros blocs de glace plate commencent à flotter à la surface en formant une masse rigide, en seulement sept jours le processus du microscope peut déjà être analysé par satellites, avec leurs capteurs et sous-marins présents pour cette étude, en révélant une transformation extraordinaire apportant une conséquence bien qu'elle ne puisse jamais être étudiée auparavant. Chaque seconde, 1,5 million de mètres cubes d'eau dense et salée descendent au fond de la mer, dans un courant vertical incontrôlable, cette eau lorsqu'elle atteint le fond de la mer, se répand sur des centaines de kilomètres, formant une cascade sur la plate-forme continentale , émerge une immense cascade sous-marine jamais vue par un être humain, avec des torrents équivalents à 500 fois les chutes du Niagara. Le froid,

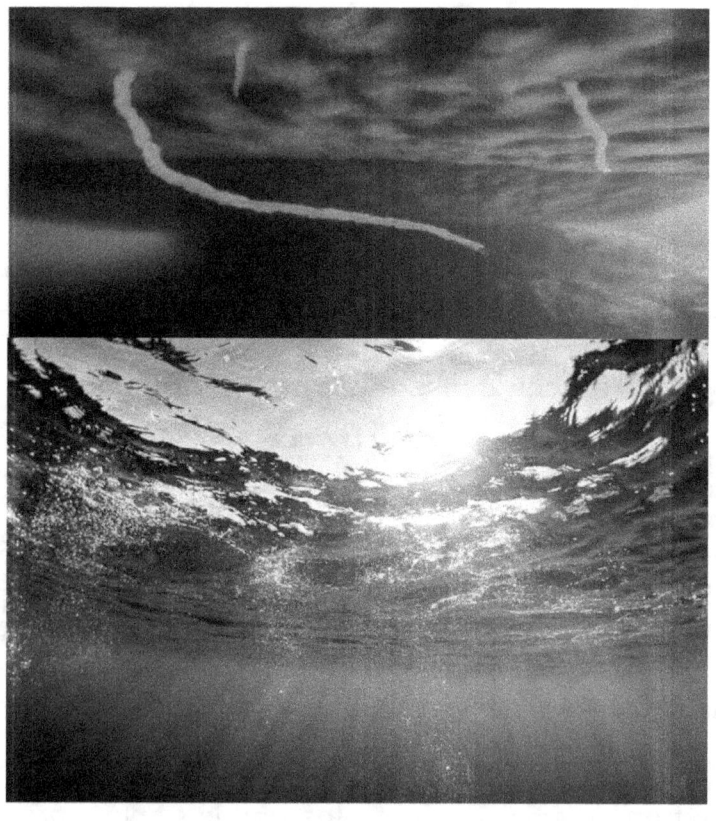

Avec une combinaison de données au sein d'un modèle

mathématique, nous montre le flux de cette eau vers l'équateur, migrant vers le nord de la planète rendant les océans plus froids et plus agités, ce système régule la température moyenne de 0,5 C. Cette stabilité permet la vie à s'épanouir en la protégeant des changements drastiques du climat de la planète. Lorsque les eaux plus profondes reviennent enfin à la surface, les courants plus chauds et plus rapides se rejoignent, devenant plus dynamiques. Grâce à l'analyse, l'océan se montre comme une masse unique dans un tourbillon incessant, les températures de ces courants de surface varient avec l'énergie reçue par le soleil et avec ces variations sont déterminées les quantités de vapeur qui seront libérées dans l'air et provoqueront des variations saisonnières. changements sur les continents et les océans. En automne, lorsque les Gulf Streams deviennent plus froids, les arbres Edges changent de couleur en une teinte plus rouge et commencent à perdre leurs feuilles, six mois plus tard, de l'autre côté du monde, le ruisseau Kuroshio commence à se réchauffer permettant aux cerisiers de fleurir dans tout le Japon. Des processus similaires se produisent dans le monde entier, déterminant les cycles saisonniers de presque toutes les formes de vie sur Terre.

Grâce à l'analyse informatique, nous pouvons conclure que l'océan et l'atmosphère sont intimement liés, un système continu uni par plus de douze billions de tonnes d'eau qui flottent partout dans l'air sans interruption.

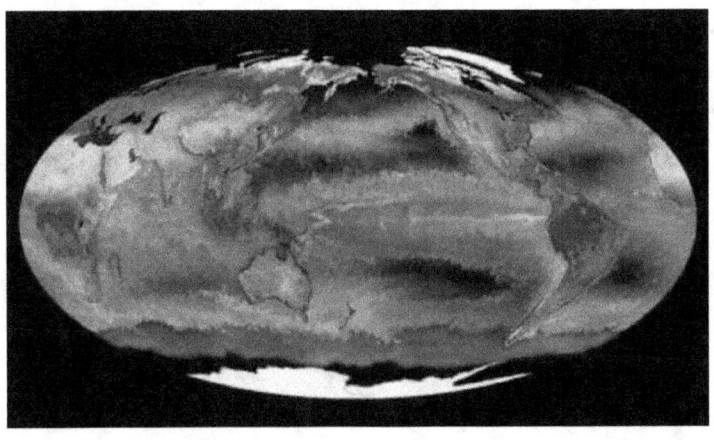

> En vert, représentation de la vapeur d'eau autour de la planète.

Chaque tempête, chaque petite goutte d'eau, fait partie de cet engrenage complexe qui entraîne toutes les activités qui forment le Notre monde, cependant, a encore beaucoup plus dans ce mécanisme planétaire qu'on ne l'imagine. Face à l'un des systèmes les plus violents de la Terre, la saumure glacée de l'Antarctique subit une nouvelle transformation. Au point de rencontre entre le feu et l'eau, quelque chose de fascinant se produit, un processus qui soutient presque toute la vie dans le monde.

A l'ouest du Pérou, la mer est ravie par une frénésie alimentaire... Le plancton sert de festin à des millions de sardines et d'anchois, chaque nain, des milliers de poissons prédateurs et d'oiseaux marins migrent vers la région pour se nourrir de ces bancs, en est un des plus grands volumes de vie marine de la planète, devenant également une zone extrêmement attractive pour la pêche, mais c'est bien plus qu'un lieu riche pour l'activité de pêche, est principalement, l'un des meilleurs exemples de la façon dont deux des systèmes de la Terre sont capables d'interagir avec une vie prolifique.

Le premier de ce système est le cycle de l'eau, l'autre se trouve à l'intérieur chaud et bouillonnant de la planète. De là proviennent presque toutes les autres substances nécessaires à la constitution de la vie, le monde n'est pas une sphère solide formée uniquement de roches, mais un cercle brûlant de liquide en fusion avec une croûte froide à l'extérieur. La surface de la Terre est comme une couche de goutte de pluie, de nature instable.

UN ORGANISME VIVANT APPELÉ TERRE

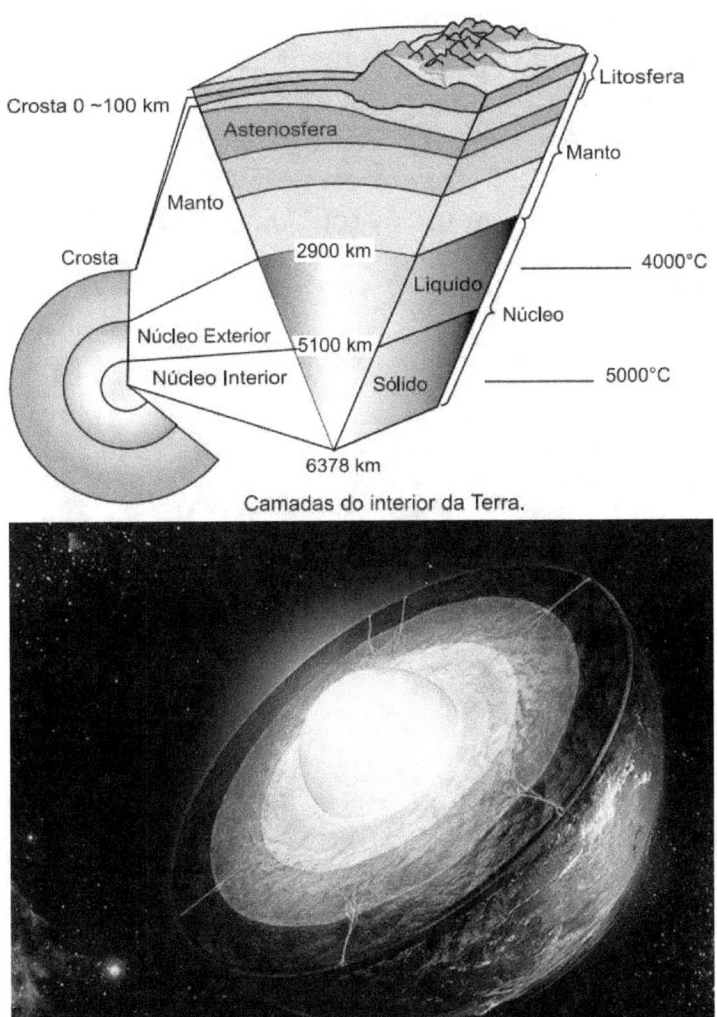

Camadas do interior da Terra.

Mars 2011, un tremblement de terre de magnitude neuf sur l'échelle de Richter frappe la ville de Sendai, capitale de la préfecture de Miyagi au Japon, le tremblement de terre était si fort qu'il a projeté des parties du pays à 2,5 mètres vers l'Amérique du Nord. Simultanément, un volcan entre en éruption, un énorme nuage de cendres pyroclastiques s'élève vers la stratosphère. Ces événements violents, ne sont que des désordres locaux, causés par les courants anciens et lents de roches en fusion qui circulent tout le temps à l'intérieur de la planète, alimentés par l'affaiblissement du rayonnement au centre de la Terre. La substance qui fuit à travers la croûte fournit les éléments de base nécessaires à la vie, deux systèmes, l'un de feu et l'autre d'eau, qui interagissent en plusieurs endroits et la rencontre la plus importante de tout cela a lieu au fond de la mer.

CHAPITRE 3- PLANCTONS ET PHYTOPLANCTONS

Dans les profondeurs de l'océan Atlantique, à 2 500 mètres de la surface, se cache une chaîne de volcans sous-marins, ici tout est envahi par la lave et les gaz surchauffés, fin d'un voyage de 25 millions d'années depuis le lointain centre de la Terre. Ici, acide et toxique dont la pression est des centaines de fois supérieure à celle de la surface, se produit la chimie de base de la vie, les gaz qui normalement s'évaporent, réagissent vigoureusement avec les eaux denses et riches en oxygène de l'Antarctique, la mer les minéraux chauds qui ont parcouru l'intérieur de la planète pendant des millions d'années se dissoudre dans l'eau de mer. A ce moment, il y a une réaction avec l'oxygène, devenant riche en nutriments.

Les eaux océaniques désormais remplies de minéraux de l'intérieur de la Terre émergent des bouches hydrothermales, les êtres vivants peinent à utiliser ces eaux, les bactéries sont les premières à coloniser ces bouches. Ce sont des conditions très fertiles pour le développement de ces minuscules organismes. Ensuite, des créatures plus complexes commencent à se nourrir de ces micro-organismes et elles-mêmes se nourrissent à leur tour, l'abondance est telle qu'une quantité énorme reste de ce processus, donc les courants océaniques se chargent de transporter le surplus à travers le monde jusqu'à ce qu'ils finissent par atteindre la surface de la mer. D'autres courants érodent les masses continentales de la planète et extraient les minéraux directement des roches.

Pour en revenir aux célèbres zones de pêche de la région péruvienne, les courants océaniques profonds sont poussés vers le haut à l'approche des masses continentales sud-américaines, apportant avec eux une abondance de nutriments. Phytoplancton, organismes végétaux microscopiques qui consomment voracement la lumière du soleil et de l'eau riche, le dioxyde de carbone se dissout dans l'air, fournissant à ces créatures unicellulaires tout ce dont elles ont besoin pour grandir et se reproduire. A cette époque, ils se multiplient de façon exponentielle, atteignant des milliards d'unités captables par les capteurs satellites.
En seulement 24 heures, 500 kilomètres carrés d'océan bleu virent au vert, la croissance du phytoplancton déclenche l'une des plus grandes frénésies alimentaires de la planète. L'émergence similaire de nutriments dans le monde entier fournit l'efflorescence de plus de planctons, qui peuvent être vus grâce à la plus haute technologie, créent d'énormes bandes vertes sur le globe atteignant jusqu'à un cinquième des océans.

UN ORGANISME VIVANT APPELÉ TERRE

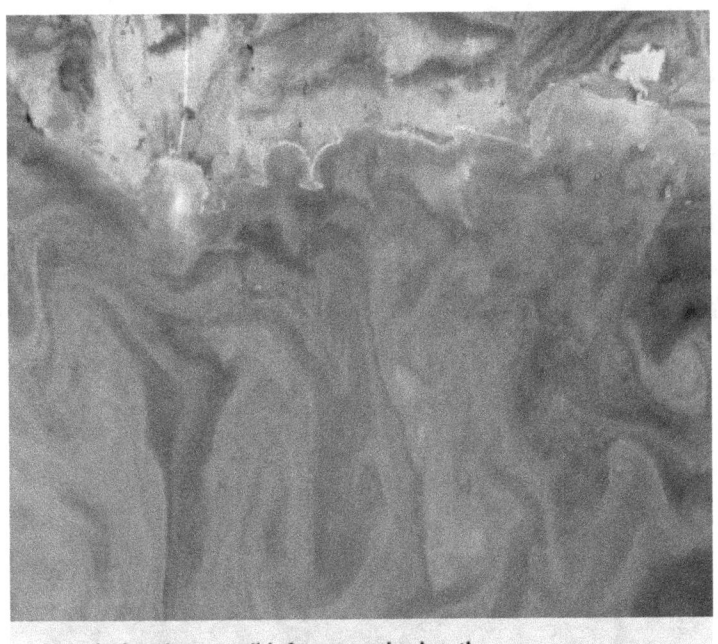

Phytoplankton is responsible for every other breath

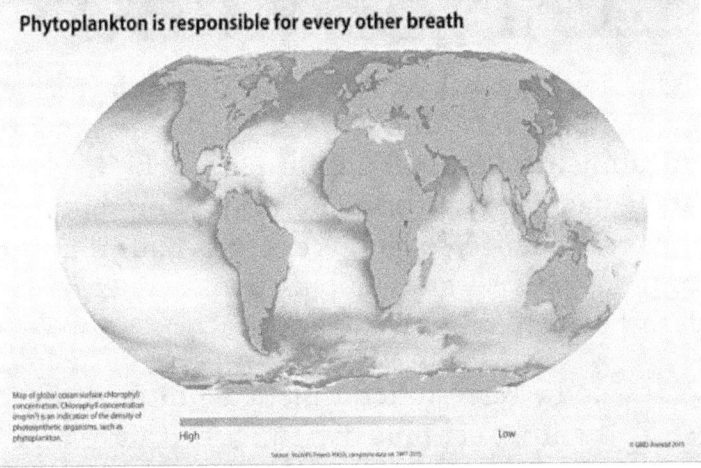

Le plancton est à la base de toute la chaîne alimentaire, capable de transporter directement les minéraux de la Terre vers toutes les créatures marines, ces minéraux qui circulaient autrefois à l'intérieur de la planète pendant des millions d'années, sont aujourd'hui des instruments indispensables à cet équilibre océanique. Au cours des 24 heures suivantes, les planctons qui ne servaient pas de nourriture, replongent, emportant avec eux dans les profondeurs le carbone et les minéraux ingérés pendant le voyage, restant dans le fond de l'océan pendant des milliers d'années, formant une épaisse couche de minuscules carcasses. jusqu'à un kilomètre d'épaisseur, dans le futur, la plupart d'entre elles émergeront à nouveau dans un second temps, fournissant les substances chimiques nécessaires à la continuité de la vie sur Terre.

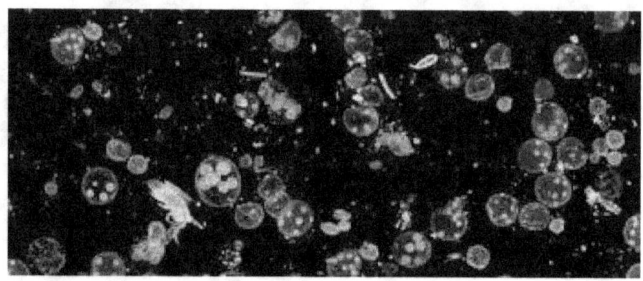

Ce processus joue un rôle fondamental dans la formation des aliments que nous consommons et de l'air que nous respirons, de plus, il alimente l'écosystème le plus riche à la surface de notre planète, la forêt amazonienne. Pour comprendre comment fonctionne tout ce processus, nous devrons nous rendre dans l'un des endroits les plus secs et les plus poussiéreux de la Terre, le violent désert du Sahara.

Les systèmes de la Terre fonctionnent de différentes manières, certaines car le climat est plus dynamique, d'autres car le noyau de la Terre met quelques millénaires pour accomplir un seul cycle. Avec la technologie la plus avancée, nous pouvons comprendre comment le lent et le rapide marchent côte à côte en générant des résultats extraordinaires.

Le désert du Sahara sur le continent africain est un territoire sec, mais un jour il était vert et exubérant, aujourd'hui encore il joue un rôle fondamental dans le cycle de vie de la Terre. Au mois de mai, au plus fort de la saison la plus sèche, les voyageurs voyagent à dos de chameau dans l'une des régions les plus dangereuses du Sahara, la dépression de Bodélé, une ancienne mer qui s'est asséchée il y a cinq mille ans. Le sol appelé Diatomite est obtenu à partir de déchets de plancton très anciens, riches en composés de fer et de phosphore deux éléments essentiels pour tous les organismes vivants. Le fait le plus curieux est que ces mêmes grains de sable feront revivre en seulement six jours une forêt tropicale à huit mille kilomètres de là. Pour commencer ce processus de renaissance, il est nécessaire qu'un seul flocon de diatomite soit suspendu dans l'air. Le flocon est fracturé en une poudre extrêmement fine et emporté par les vents, rapidement l'air est rempli de flocons de plus en plus microscopiques, à travers les données fournies par le satellite MeteoSat, révèlent un mouvement quotidien de poussière, apparaissant un gigantesque nuage qui émerge directement du désert. La poussière se lève chaque jour avec une précision impressionnante à midi exactement, ce qui a commencé comme un processus microscopique en peu de temps est devenu une grande tempête de sable. Haut de cent étages et large de centaines de kilomètres, le nuage de plancton séculaire souffle désormais sur l'Afrique, sur la côte ouest la poussière est soulevée par les vents dominants donnant lieu à un voyage épique à travers l'océan Atlantique, les satellites nous révèlent que cinquante -quatre mille tonnes de poussière sont transportées chaque jour sur huit mille kilomètres jusqu'à sa destination finale, l'Amazonie. C'est ici,

Pendant la saison des pluies dans la région, les précipitations incessantes répandent sur la jungle un total de quarante millions de tonnes de poussière africaine, ce qui était autrefois du plancton se dépose maintenant sur le sol et les racines des arbres revitalisent la forêt, le processus de fertilisation de l'Amazonie par les poussières sahariennes restées inconnues de l'humanité jusqu'à l'avènement de la Terre satellite, Avec des instruments extrêmement sensibles capables non seulement d'observer la migration des poussières d'Afrique vers l'Amazonie mais aussi de mesurer la canopée forestière à travers l'espace, il est également possible de faire un étudier avec la fin de la saison des pluies dans la région et suivre le retour du soleil, pour la première fois après six mois, le soleil brille directement sur la forêt. Le résultat est une explosion de croissance, pour chaque feuille il y en a trois autres émergées dans une période de dix jours, une vague verte traverse le continent, la migration des poussières de la dépression de Bodélé vers l'Amazonie n'est qu'un processus parmi des milliers Semblable à la répartition des minéraux essentiels aux écosystèmes vivants du monde entier, déserts, montagnes et sédiments anciens, chaque élément a son propre composition pénétrant la chaîne vitale des formes les plus variées. Chaque portion de la sole autour de la planète dépend de ces processus, les grandes plaines d'Amérique du Nord, parfaites pour la production de maïs et de blé sont formées de dépôts glaciaires, le delta du Gange au Bangladesh est riche en fer qui s'érode de la L'Himalaya étant l'un des ingrédients fondamentaux pour la culture du riz, d'autres minéraux sont transportés sur toute la planète par l'air, l'eau et la glace, à la suite de ce processus,

Les plantes ne sont pas seulement un produit de la Terre, elles configurent une force puissante, capable de transformer la planète pour des millions de personnes.

années, ils sont responsables des changements dans l'atmosphère et la définition des êtres humains, façonnant de nombreux aspects de notre corps et de notre esprit.

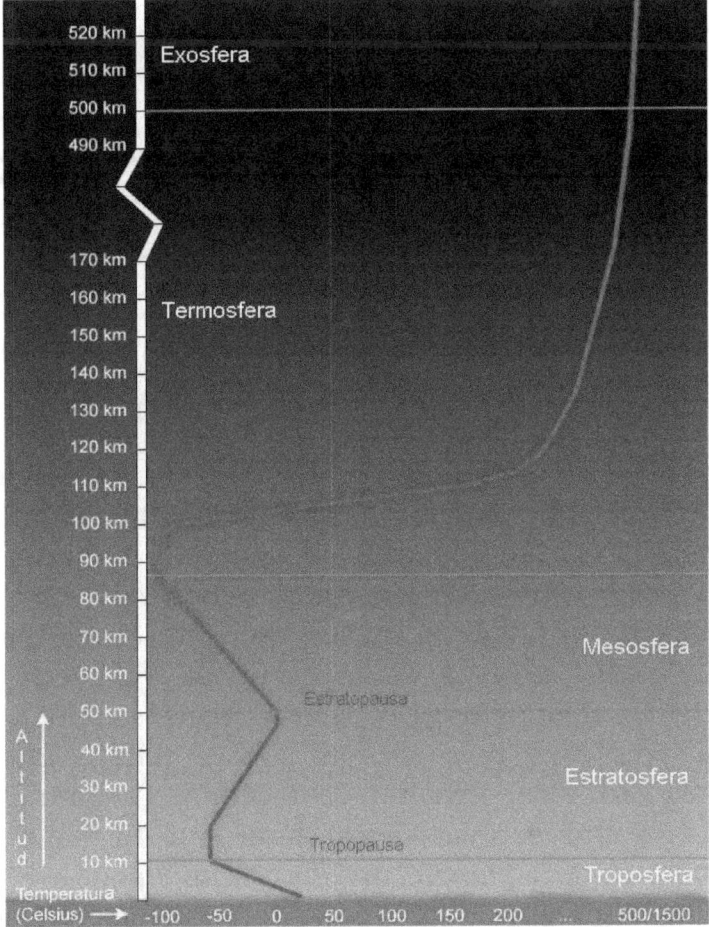

CHAPITRE 4 – LA FORÊT AMAZONIENNE

Un autre processus extraordinaire de la planète vu à travers les satellites, d'après les analyses faites par les ordinateurs, montrant un mouvement quotidien de particules invisibles d'oxygène et de dioxyde de carbone dans l'air, cependant, ces substances essentielles à la vie ne sont pas le fruit d'un processus géologique mais de trillions de minuscules respirations. Pour comprendre ce système, il faudra revenir sur l'Amazonie, cette forêt tropicale humide existant à environ cinquante-cinq millions d'années, est l'un des écosystèmes vivants les plus anciens de la Terre, sa biodiversité est si unique qu'elle abrite plus plus de la moitié des formes vivantes de la planète. Avec une gamme de six millions et demi de kilomètres carrés de vert pur. Tout comme l'Antarctique et le désert du Sahara, cet ancien écosystème joue un rôle clé dans le développement de la planète. un rôle essentiel pour le rythme de vie de toute la planète. Ici, le processus commence dans les petits trous présents dans les parties inférieures des trillions de feuilles existant dans la forêt.

Pendant la journée, les feuilles absorbent le dioxyde de carbone présent dans l'air, le convertissent en sucre et libèrent le gaz volatil que nous appelons l'oxygène.

Processus d'évapotranspiration

Tout au long de sa vie, un seul arbre est capable de libérer des millions de mètres cubes de ce précieux gaz, que l'Amazonie transforme quotidiennement, un cinquième de tout l'oxygène du monde.

Pendant des décennies, il a été considéré comme le poumon du monde, maintenant, avec toute la technologie des ordinateurs et des satellites, il commence à devenir clair que rien des systèmes planétaires terrestres n'est simple. À partir de l'analyse du satellite terrestre, il a été possible de prouver que la majeure partie de l'oxygène produit pendant la journée est réabsorbée par la forêt elle-même la nuit, il faut une autre étape pour que l'excès d'oxygène soit libéré.

Toutes les 24 heures, deux millions de tonnes de sédiments sont transportés de la forêt dans le vaste fleuve Amazone, ces sédiments, voyagent sur six mille kilomètres vers l'est pour atteindre le delta de l'Amazone, ici les planctons présents dans l'eau absorbent les sédiments, avec plus de lumière solaire et plus de dioxyde de carbone présent dans l'air, la population de plancton explose à nouveau. La quantité d'oxygène libérée par les planctons est d'un volume gigantesque, observable depuis l'espace par nos satellites. La moitié de tout l'oxygène présent dans l'atmosphère provient des planctons, ces petites créatures sont les véritables poumons de la Terre.

Les planctons maintiennent l'atmosphère en parfait équilibre et ce processus permet le prochain maillon de la chaîne vitale.

Une atmosphère riche en oxygène volatil permet des créatures plus dynamiques et complexes, capables de se déplacer rapidement en utilisant la queue, les ailes, les bras et les jambes. En réalité, l'équilibre des gaz dans l'air définit non seulement la taille de notre corps, mais détermine également presque tout ce que nous sommes. Cependant, l'oxygène a aussi un côté négatif, son extrême volatilité est capable de provoquer des réactions violentes et incontrôlables, et la plus implacable d'entre elles est le feu, ce petit détail ne nous montre qu'un petit bout du système complexe qu'est la planète Terre.

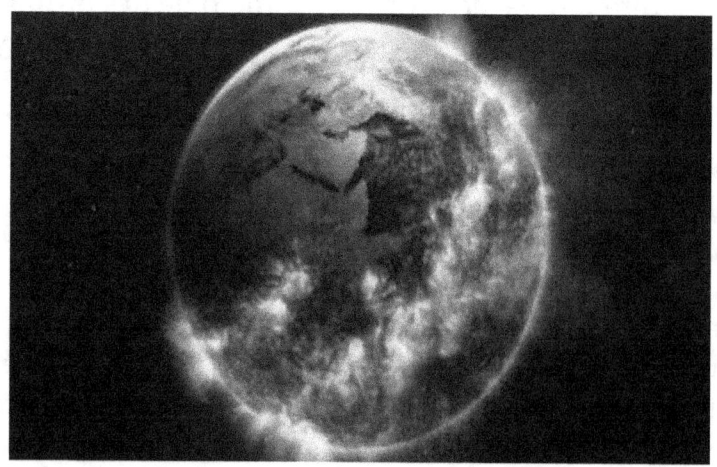

CHAPITRE 5 - LE FEU

Octobre 2013, un immense incendie punit le Canada, plus précisément sur le territoire du Yukon, une région à la géographie particulière, une région montagneuse, sauvage et peu peuplée, le parc national et réserve de parc national Kluane abrite le mont Logan, le plus haut sommet du pays, ainsi que ainsi que des glaciers, des sentiers et la rivière Alsek. En moins d'une semaine, des flammes dévastent vingt-cinq mille kilomètres de forêt, simultanément en Sibérie, un autre incendie détruit quatre mille hectares de forêt. Tout cela n'est qu'un petit échantillon de la puissance unique du feu dans le monde.

Chaque jour, la Terre est dévastée par d'immenses incendies, analysés par nos modèles comme de grosses taches rouges. Le feu est un autre des systèmes les plus extraordinaires sur Terre et joue un rôle essentiel dans le cycle de vie de la planète.

Forêt boréale, le nord du Canada est possible toison en action, cette abondante forêt d'épinettes a une relation très particulière avec le feu, ici le froid extrême tue et engourdit la plupart des arbres, piégés dans ces troncs, sont les composants nécessaires à l'émergence de nouveaux formes de vie, cependant, dans ces conditions, ce processus prendrait des centaines d'années, mais en présence d'incendie, il pourrait le déclencher en quelques heures.

Forêt de sapins (Canada)

La plupart des feux naturels démarrent à partir de décharges électriques aléatoires du ciel, les épicéas, sont un combustible parfait pour le feu, leur combustion est facile et rapide qu'une petite étincelle est capable de les faire s'enflammer. De cette façon, l'oxygène volatil annule leur coup mortel, l'oxygène chaud se lie aux atomes de carbone présents dans le bois des arbres, générant plus de chaleur, accélérant la liaison de l'oxygène avec de nouveaux atomes de carbone et générant beaucoup plus de chaleur, ce qui intensifie les flammes. . Comme le feu dévore tout ce qui l'entoure, l'énergie solaire qui était stockée à l'intérieur des plantes est libérée, c'est la dynamique du feu.

Observer une flamme qui brûle, c'est assister à la puissance du soleil qui se libère de la vie qui l'a longtemps emprisonné, en quelques heures, ce qui commence par une petite étincelle embrase des centaines d'hectares de forêt. La matière organique stockée par ces arbres depuis des centaines d'années se transforme rapidement en cendres, ces flammes éliminent les organismes morts et malades de la forêt en les recyclant et en restituant leurs minéraux au sol.

Comme nous observons le feu de ce prisme, ce n'est rien de plus que la part d'une renaissance et d'une régénération. Le feu existe depuis l'évolution des plantes, en même temps qu'elles ont commencé à produire de l'oxygène, elles ont rendu possible la production des substances nécessaires à la combustion, en plus de rendre possible l'existence du feu, de nombreuses plantes en dépendent également, les Sapins, par exemple, ont évolué de manière à libérer leurs graines au milieu des cendres qui s'accumulent dans le sol après un incendie.

Grâce aux satellites en orbite terrestre, il est possible de visualiser les effets des incendies dans le monde, après chacun d'eux, ce qui suit est la tendance d'une nouvelle croissance de la vie, préservant la santé et favorisant la régénération de divers écosystèmes de le monde, évitant d'une manière unique leur stagnation.

Les satellites nous révèlent comment le feu, le climat, l'eau et la glace sont associés pour le maintien du cycle de vie, tout est interconnecté dans un système millénaire et complet, mais ce n'est que le début des découvertes faites grâce aux nouvelles technologies. Avec cela, nous sommes en mesure d'analyser, d'explorer et d'identifier toute réaction externe qui nous montre avec conviction qu'aucun élément ne peut exercer une plus grande influence sur la planète que le soleil.

JOSÉ RUIZ WATZECK

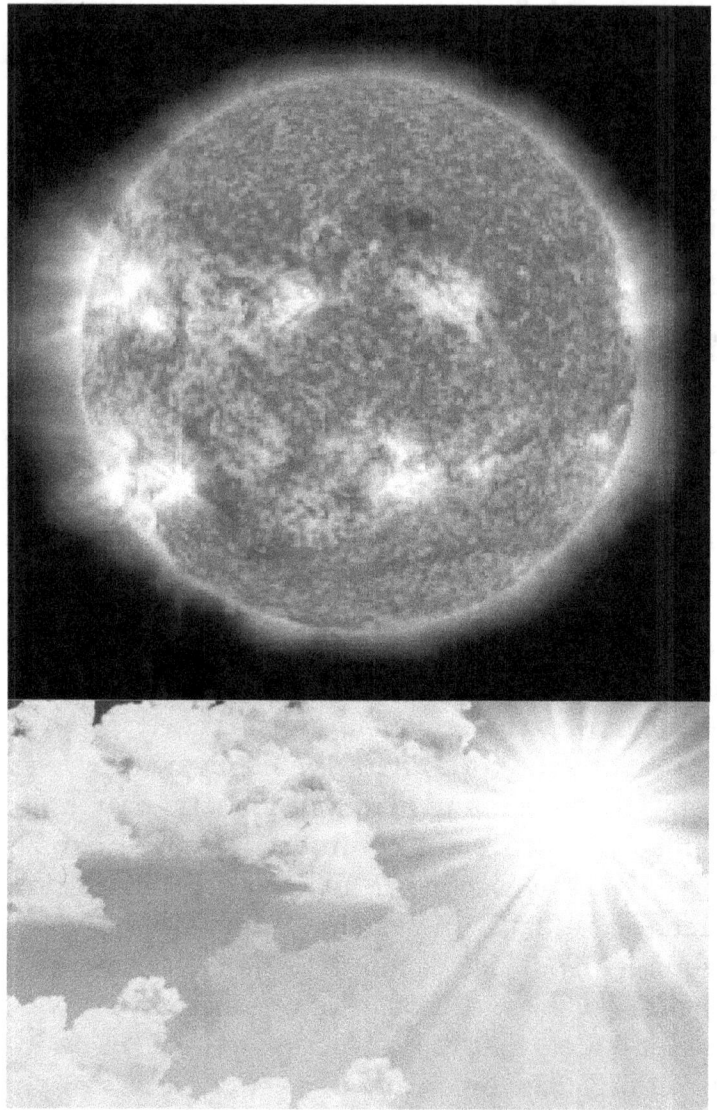

CHAPITRE 6 - LE SOLEIL

Pendant les 24 heures qu'il faut à la Terre pour effectuer son mouvement de rotation, elle réagit aux forces extraordinaires du soleil, chaque jour, 170 millions de gigawatts (GW), ce qui correspond à sept mille fois l'énergie consommée par l'humanité, sont déversés dans le surface de la planète, déclenchant une vague d'activité incessante.

À l'aube, les plantes et les planctons commencent le processus de photosynthèse, en utilisant la lumière du soleil, ils produisent des sucres et des amidons qui sont à la base de la chaîne alimentaire et la principale source d'énergie pour presque tous les êtres vivants.

La lumière du soleil contrôle les vents et la météo autour du globe la nuit, lorsque l'air se refroidit, de nombreuses pluies se déclenchent. Nous aussi faisons partie de ce cycle circadien et nous répondons au flux d'énergie qui vient quotidiennement du soleil. Pour produire des vitamines dans la peau, les cellules de notre corps ont besoin de soleil, même les itinéraires des vols révèlent une relation étroite avec le soleil, le matin, les avions voyagent vers l'ouest pour prolonger la journée et dans les vols de nuit, voyagent vers l'est, pour le but d'abréger la nuit.

L'ironie, cependant, est que la menace à ce système harmonieux vient du même endroit qui a permis son existence, l'énergie émise par le soleil.

Sur la base des analyses du satellite SDO, un enregistrement infrarouge du rayonnement émis par notre étoile, sont étudiés en profondeur. Les particules chargées, les fractions de protons, les électrons et les neutrons sont constamment rejetés avec d'énormes impulsions de rayonnement électromagnétique.

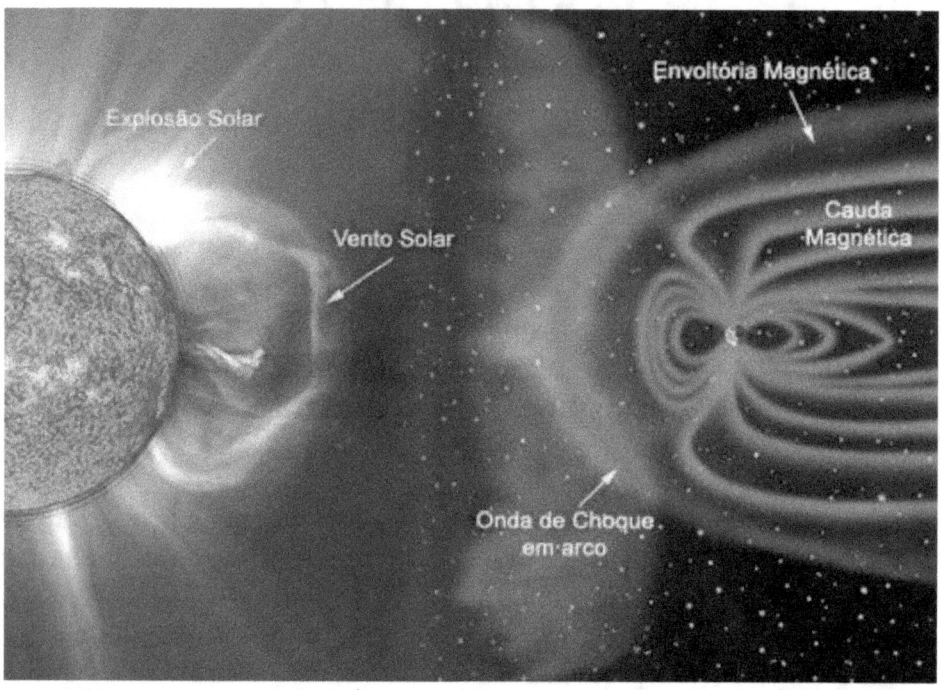

Sporadiquement, le soleil écarte l'éjection de masse coronale, avec un supercalculateur, il a été possible de suivre les images d'un immense nuage de plasma de plusieurs millions de kilomètres de long vers la Terre.

Si, un instant, ces particules solaires pouvaient atteindre la surface de la Terre, elles produiraient des mutations mortelles dans l'ADN (acide désoxyribonucléique) de toutes les créatures vivantes, causant de graves problèmes à notre planète. Heureusement, la planète peut se défendre.

Notre planète est entourée d'un champ de force invisible appelé la magnétosphère, avec des images de cinq satellites magnétiquement synchronisés, ce réseau technologique appelé Themis. Une mission spatiale qui serait à l'origine une constellation de cinq satellites identifiés comme :

THEMIS A, THEMIS B, THEMIS C, THEMIS D et THEMIS E, étudieraient le lancement d'énergie depuis la magnétosphère terrestre connue sous le nom de sous-tempêtes, des phénomènes célestes qui intensifient l'apparition d'aurores près des pôles nord et sud.

Actuellement, trois des satellites restent en orbite autour duTerre,deux d'entre eux ont été détournés vers environs leLunaireorbite.Lancé en 17Février 2007depuis la base de lancement aérospatiale deCap Canaveral,États-Unis, à bord d'unDelta IIfusée. Chaque satellite transporte des instruments identiques, dont un magnétomètre fluxgate (FGM), un électrostatique(ESA), un analyseur à semi-conducteurstélescope (SST), un magnétomètre à bobine de recherche SCM) et un instrument de champ électrique (EFI). Chacun a une masse de 126 kg, dont 49 kg de carburant.

Ils nous ont révélé notre champ de force constamment bombardé par le soleil, la forme du champ n'est façonnée que par les fortes attaques de rayonnement, un lagon nébulaire de 320 kilomètres de diamètre, vague après vague, les particules solaires atteignent la magnétosphère, la plupart d'entre elles sont déviées, mais lorsque le champ est frappé par une éjection de masse coronale, les particules chargées parviennent à briser sa couche plus externe, en séquence, une fois qu'elles traversent le bouclier, elles sont libres pour leur progression vers la planète. Le champ magnétique guide les particules vers les pôles, donnant lieu à l'un des spectacles les plus impressionnants de la nature, les aurores boréales et les aurores australes ou plus communément appelées aurores boréales et aurores australes. Dans l'image ci-dessous, il est possible d'analyser la deuxième couche de défense de la Terre.

De gigantesques bandes de plasma forment un courant descendant, entourant les pôles de la planète, alors qu'elles atteignent rapidement la couche supérieure de l'atmosphère, elles agitent les molécules d'air les faisant commencer à briller, l'oxygène rayonne les couleurs rouge et vert, et l'azote rayonne la couleur bleue. Une énergie capable de modifier toute vie sur Terre est dissipée par la couche supérieure de l'atmosphère, ainsi la planète a pu se protéger pendant des millions d'années contre le rayonnement mortel du soleil. Mais même avec cet appareil extraordinaire, ce n'est qu'une partie de la façon dont l'atmosphère est capable de protéger la vie sur Terre.

Images de la magnétosphère terrestre

Des systèmes encore plus puissants existent bien en dessous, sans lesquels la vie serait impossible.

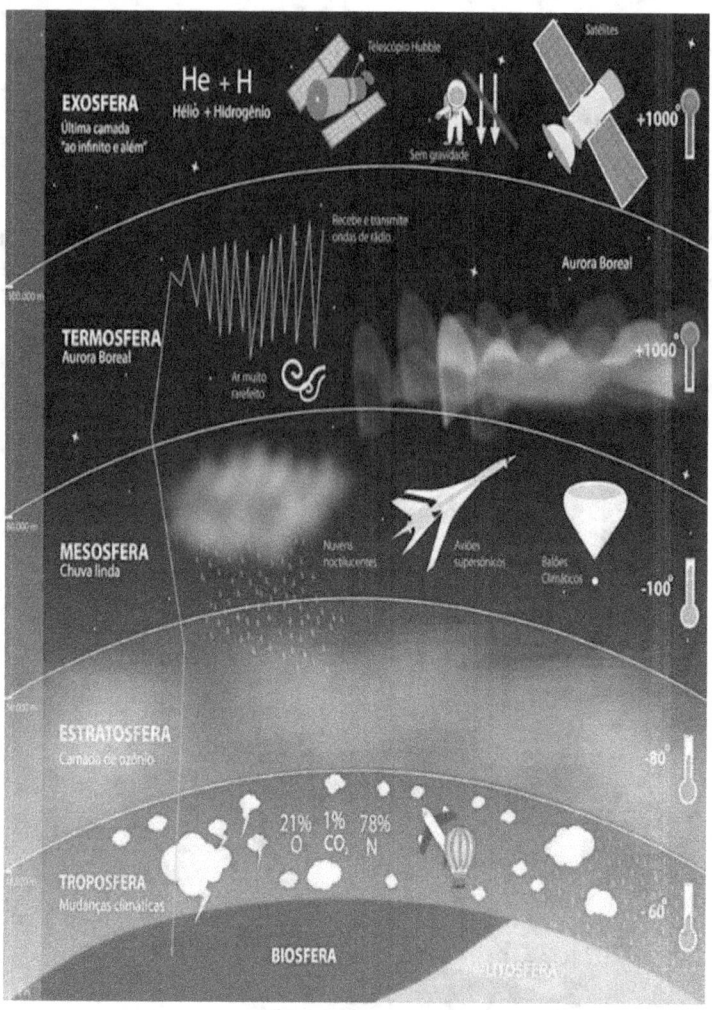

CHAPITRE 7 - L'ATMOSPHÈRE TERRESTRE

L'atmosphère terrestre est une ressource très délicate, une fine coquille bleue capable d'encapsuler tout notre monde. Cette fine couche d'oxygène et d'azote est soumise à d'intenses bombardements de lumière solaire et de chaleur, forces qui, en cas d'incontrôlabilité, sont capables de détruire toute l'atmosphère.

Pendant la nuit, ces satellites enquêtent sur le murmure de la Terre au moyen de la foudre. Avec le soutien des astronautes de la Station spatiale internationale (ISS), ils fournissent des données impressionnantes, une intensité fréquente des orages électriques. Pourquoi la planète a-t-elle besoin et produit-elle ces phénomènes ?

Avec l'utilisation de la plus haute technologie, cette réponse devient claire ; l'atmosphère terrestre est en quête d'équilibre. Chaque jour, la force combinée de la vapeur et de la lumière du soleil crée quarante mille nuages, chargés d'une immense quantité d'énergie électrique. Toutes les trente minutes, un nuage de taille moyenne est capable de générer 100 (MW) mégawatts, assez d'énergie pour alimenter la ville de Campinas pendant une minute. Pour s'équilibrer, le nuage décharge de l'énergie négative vers le sol sous forme d'éclair, libérant simultanément une charge positive.

Du haut vers le ciel, de chaque nuage émerge une immense colonne de charges, cette force invisible se déplace presque à la vitesse de la lumière vers la couche externe de l'atmosphère, l'Ionosphère.

Cette couche est formée d'un mince voile formé essentiellement d'hydrogène (H) et d'hélium (He), avec les données fournies par les satellites, il est possible de voir l'interaction des charges électriques avec ce champ extrêmement raréfié. L'ionosphère agit comme un conducteur électrique, répartissant la charge sur toute la planète.

Nous savons maintenant que la vie serait impossible sans ce

circuit électrique mondial.

Tout cela est dû à une réaction chimique extraordinaire qui se produit à l'intérieur des nuages chargés d'apparition d'éclairs. La charge électrique à l'intérieur du nuage devient extrêmement forte
l'air se décompose en ions, par conséquent un minuscule chemin se forme où passe un courant électrique. En quelques millièmes de seconde, un rayon est émis, son épaisseur est similaire à celle d'un pouce humain, mais sa température est cinq fois supérieure à la surface du soleil. En traversant l'air, ce rayon d'énergie brûlant détruit les molécules d'azote (N), l'oxygène (O) se lie à l'azote (N) à l'origine d'une substance appelée (N ° 3) Nitrate.

Chaque jour environ quatorze mille tonnes de (N ° 3) nitrate sont transportés dans le monde entier, les pluies que cette substance répand sur le sol étant un élément essentiel pour presque toutes les formes de vie sur Terre, de la photosynthèse des plantes à la respiration d'organismes plus complexes.

Nitrate ($N°3$) est à l'origine des réactions chimiques les plus importantes pour les êtres vivants depuis des millions d'années. Avec les données qui arrivent quotidiennement, nous pouvons conclure un mécanisme complexe qui configure et reconfigure la vie à chaque instant et pilote les battements de cœur de chaque être humain autour de la planète. Ce qui manque encore plus, c'est une partie de ce système complexe, qui est la conséquence profonde et indéniable d'une seule espèce animale, la race humaine.

CHAPITRE 8 - LES ÊTRES HUMAINS

De toutes ces technologies, il nous a été révélé un système caché et complexe qui s'entrelace à tous les niveaux, des processus extrêmement lents se connectent à d'autres qui se produisent en quelques millisecondes, des cycles sans fin de mort, de décomposition, de régénération et de renaissance remplissent le monde.

De la puissance implacable de l'énergie solaire et de l'eau, des forces électromagnétiques qui opèrent autour de nous, chaque interaction nous révèle une harmonie et un équilibre précis. L'humanité est le dernier phénomène naturel en date, nous sommes la conséquence directe d'un système qui a su créer et maintenir la vie depuis 3,5 milliards d'années. Nous avons développé l'intelligence et ce fait nous a permis d'apporter des contributions aux processus les plus anciens existant sur Terre, l'humanité a transformé la planète en explorant le même système complexe qui l'a créée.

Notre capacité à contrôler les écosystèmes a permis à nos civilisations de croître rapidement et de devenir l'espèce dominante. Aujourd'hui, il est possible de voir l'influence de l'humanité, non seulement et, 82% des territoires terrestres, mais aussi autour de l'espace, avec des voyages sur la lune et avec la Station spatiale internationale (ISS), maintenant nous commençons enfin à comprendre comment notre monde oeuvres et quelle place nous y occupons.

C'est le moment crucial de l'histoire de la Terre, en observant la planète à travers la plus haute technologie, il est possible de voir que nous sommes devenus une force mondiale, nous fabriquons déjà plus (*N ° 3*) nitrate que la foudre, nous libérons plus de soufre dans l'air que tous les volcans du monde, nous émettons plus de dioxyde de carbone que l'ensemble de l'Amazonie, nos villes produisent de la poussière, exploitent les orages électriques et affectent les systèmes pluviométriques.

Nous avons le pouvoir d'avoir un impact sur de grandes parties des cycles de la Terre, grâce à l'analyse, l'influence de l'humanité peut être considérée comme un processus naturel.

Les gaz émis par les avions, les voitures, les centrales électriques, etc... sont des effets causés par un animal que la Terre elle-même a produit.

Cependant, il y a une différence fondamentale, contrairement au volcanisme, aux mouvements des courants océaniques ou à l'oxygène libéré par les forêts ou les planctons, nous possédons le don du libre arbitre, les technologies en plus de nous permettre les impacts que nous causons dans le monde, elles nous aident prendre des décisions conscientes sur la consommation continue des ressources de notre planète. Nos nouveaux yeux technologiques nous apprennent à maintenir l'équilibre capable de soutenir le monde naturel.

Références bibliographiques

Agence spatiale brésilienne autarcie du ministère de la Science, de la Technologie et de l'Innovation

Programme de glaciologie antarctique. La Fondation nationale des sciences. Consulté le 19 août 2009. Copie déposée le 25 octobre 2019.

ESA Agence spatiale européenne

Portail de l'ESA - Les satellites témoignent de la plus faible couverture de glace arctique de l'histoire" (en anglais). Agence spatiale européenne. 14 septembre 2007. Consulté le 26 juillet 2019

Evidence of Ancient Martian Life in Meteorite ALH84001?" (en anglais). National Aeronautics and Space Administration.

Consulté le 26 août 2009. Archivé de l'original le 25 août 2019.

Glomsrød, Solveig et alii. "Les économies arctiques au sein des nations arctiques". Dans : Glomsrød, Solveig ; Duhaime, Gérard; Aslaksen, Iulie (éd.). L'économie du Nord. Statistics Norway, 2015, pp. 37-78

JAXA - Agence japonaise d'exploration aérospatiale

NasaAdministration Nationale de l'Espace et de l'Aéronautique

Neil Verreur de AberystwythUniversité. "Antarctic Ice Shelf Collapse Blamed On More Than Climate Change. Consulté le 20 août 2019. Copie déposée le 25 décembre 2015.

Administration nationale des océans et de l'atmosphère de la NOAA

Satellites see Unprecedented Greenland Ice Sheet Melt - NASA Jet Propulsion Laboratory". NASA. 24 juillet 2012. Consulté le 26 juillet
2019.

Science in Antarctic" (en anglais). Antarctic Connection. Consulté le 4 février 2020. Archivé de l'original le 7 février 2006.

Le trou d'ozone de l'Antarctique, Division du supercalcul avancé de la NASA   (NAS)".Nas.nasa.gov. 26 juin 2001. Consulté le 7 février 2020. Copie déposée le 3 avril 2009.

http://www-loa.univ-lille1.fr/

https://aqua.nasa.gov/

https://aura.gsfc.nasa.gov/index.html

https://cloudsat.atmos.colostate.edu/

https://terra.nasa.gov/

https://www.nasa.gov/mission_pages/sdo/main/index.html

https://www-calipso.larc.nasa.gov/

www.ingramcontent.com/pod-product-compliance
Lightning Source LLC
Chambersburg PA
CBHW071122240526
45465CB00022B/778